맘에 쏙 드는 나만의 방 꾸미기

KB192213

CHISANA HEYA DE HIROKU KURASA

©make my room by Little Rooms 2020
First published in Japan in 2020 by KADOKAWA CORPORATION, Tokyo.
Korean translation rights arranged with KADOKAWACORPORATION, Tokyo through Korea Copyright Center Inc.

이 책은 ㈜한국저작권센터(KCC)를 통한 저작권자와의 독점계약으로 ㈜비전비엔피(비전코리아/애플북스/이덴슬리벨/해빗/
그린애플)에서 출간되었습니다. 저작권법에 의해 한국 내에서 보호를 받는 저작물이므로 무단전재와 복제를 금합니다.

Decorating
my own room

맘에 쏙 드는 나만의 방 꾸미기

make my room by Little Rooms 지음

위정훈 옮김

이덴슬리벨

학교나 직장에서 지친 몸으로 돌아와
휴우, 하고 한숨 돌리는 나만의 공간.

나만의 안락한 그 장소는
보기에 예쁘고 마음 편할 뿐만 아니라
아끼는 장식품이나 레코드판, 혹은
집에 오는 길에 무심코 사 온 꽃 등
좋아하는 물건이 가득한 공간이겠지요.

어디에나 있는 작은 방,
그리 넓지도 않고 호화롭지도 않지만
그곳이 약간의 아이디어로 나만의 특별한 공간이 되는
과정은 사랑스럽습니다.

이 책에는 아침 일찍 잠에서 깨고 싶은 나만의 방,

일하다가도 문득 돌아가고 싶어지는 나만의 방,

일상생활에 꼭 맞는 나만의 방을 만드는

아이디어가 많이 담겨 있습니다.

make my room, make my happiness.

책을 읽다 보면 작은 방에서, 작은 행복을 만드는

아이디어를 발견할 것입니다.

[○] 마크는 인스타그램 아이디를 나타냅니다.

방 사진 등이 올라와 있으니 꼭 검색해서 살펴보세요.

contents

Prologue · 4

방을 포근하게 꾸미는 포인트 · 9

1.
작은 방의
달인들

1) 높이가 낮은 가구로 방을 더욱 넓게 · 18

2) 오래된 물건과 새 물건을 믹스매치해서 만드는 고급스러운 공간 · 24

3) 콤팩트하게 정리한 나만의 비밀 기지 · 30

4) 노출 콘크리트로 심플하게 · 34

5) 드라이플라워나 꼬마 전구로 월 데커레이션을 즐긴다! · 38

🏠 내 방의 설렘 포인트 · 41

2.
방을 넓어
보이게 하는
테크닉

Point 1 낮은 가구를 선택해 공간에 여백을 만든다 · 48

Point 2 연한 톤으로 통일해 밝아 보이게 한다 · 52

Point 3 커다란 거울을 두어 깊이감을 준다 · 56

3.
생활감을
감추는 테크닉

Point 1 생활감이 드러나는 물건은 바구니나 박스에 쏙! · 66

Point 2 내용물을 옮겨 담는다 & 라벨을 붙인다 · 70

Point 3 콤팩트한 수납 용품을 활용한다 · 72

4.

**방에 나다움을
불어넣는
테크닉**

Point 1 좋아하는 예술품으로 벽을 장식한다 · 82

Point 2 드라이플라워나 식물을 더한다 · 88

Point 3 러그는 소재나 무늬를 고려해 선택한다 · 92

🏠 인스타그램 속 비밀 수납 테크닉 엿보기 · 94

5.

**생활과
밀접한 공간을
정돈한다**

Point 1 소파와 테이블 주위는 아늑함을 가장 먼저 고려한다 · 102

Point 2 침대 주위를 최고의 공간으로 만든다 · 108

Point 3 화장품이나 액세서리, 정장은 보이게 수납한다 · 110

🏠 방 꾸미기의 달인으로 보이게 하는 조명 & 캔들 · 114

6.

**만족감을 주는
집에서의 시간**

Point 1 홈 카페로 나만의 멋진 릴렉스 타임을 갖는다 · 124

Point 2 프로젝터로 좋아하는 작품을 마음껏 즐긴다 · 128

Point 3 책상 주위를 쾌적하게 정돈한다 · 130

(부록 1) 방에 관련해 물었습니다. · 134

(부록 2) 작은 방에 관한 Q&A · 139

Epilogue · 143

방을 포근하게 꾸미는 포인트

'make my room' 인스타그램에는
수많은 방이 소개되어 있습니다.
여러분도 멋진 방을 만들고 싶은가요?
어떻게 하면 멋진 방을 만들 수 있을까요?
지금부터 멋진 방을 만드는 데 있어서
가장 기본이 되는 네 가지 포인트를 소개할게요.

작지만 안락한 공간 만들기

방은 있는 그대로의 나를 품어 주는 장소입니다. 그런데 쓰기 거추장스러운 물건이나, 크기나 기능만 생각해서 별로 마음에 들지 않는 물건을 놓아 두면 왠지 마음이 편치 않습니다. 특히 밖에 드러나 있는 가구나 잡화는 매일매일 수없이 눈길이 닿고 자주 사용하곤 합니다. 그런 것들이 마음에 들지 않고 사용하기 거추장스럽다면 물리적으로나 정신적으로 포근함을 느낄 수 없습니다.

작은 방에서도 포근하게 살아갈 수 있습니다. 내가 진심으로 원하는 물건, 정말로 필요한 물건을 갖추는 것부터 시작해 볼까요?

Point 1

좋아하는 예술품으로 벽을 장식한다

방이 좁아서 침대를 놓으면 소파를 둘 수 없거나, 재택근무나 온라인 수업용 테이블이 있으면 좋겠다면? 작은 방이라도 아이디어만 있으면 내가 꿈꾸는 멋진 방으로 꾸밀 수 있습니다. 방 꾸미기의 기본은 가구의 선택과 배치입니다. 이 책에서 소개하는 '방을 넓어 보이게 하는 테크닉'이나 '생활감을 드러내지 않는 테크닉' 등을 참고해 여러분이 꿈꾸는 멋진 방을 만들어 보세요.

SNS에 공유하면서 모두 함께
방 꾸미기를 즐긴다

make my room에서는 참조하고 싶은 멋진 방을 매일 소개하고 있습니다. 내 방과 비슷해 보이는 배치나 넓이, 취향이나 분위기 등을 선택해 따라하고 싶은 멋진 공간을 찾을 수 있지요.

이처럼 간단히 다른 사람의 방을 구경하거나 멋지게 꾸민 나의 방을 사진 찍어 다른 사람에게 보여줄 수 있는 것도 SNS를 통해 얻는 즐거움 가운데 하나입니다.

인테리어를 좋아하는 여러 사람들과 소통하고 정보를 나누면서 나만의 방을 만들어 보세요.

마음이 설레는 아이템을
들여놓는다

갖고만 있어도, 쓰기만 해도, 바라만 봐도 마음이 설레는, 내가 좋아하는 아이템, 먹기만 해도 행복해지는 디저트나 밥 등이 생활 속에 들어오면 일상은 지금까지와 달리 너무나 즐거운 시간이 됩니다. 가구든, 인테리어 소품이든, 먹거리든, 어떤 물건이든 단한 가지라도 좋으니 마음이 설레는 물건을 들여놓으세요. 사소한 일일지 모르지만, 하루하루의 생활을 즐겁게 하기 위해서는 아주 중요한 일이랍니다.

작은 행복을 느낄 수 있는
시간을 갖는다

마음이 느긋해지고 차분해지면 기분 전환이 되는 시간에 '작은 행복'을 느끼는 법이지요. 너무나 좋아하는 디저트를 맛보는 홈 카페의 시간, 재미있는 드라마나 영화, 동영상을 보는 시간, 책을 읽는 시간 등 방에서 할만한 좋아하는 일을 찾아냅니다. 그리고 바쁠 때일수록 좋아하는 일을 할 시간을 만드세요. 그런 마음의 여유가 작은 행복을 만들어 주니까요.

1

Master of Little Room

작은 방의 달인들

인스타그램을 비롯한 SNS에서 인기 있는 방을 골랐습니다!

방에 대한 나만의 취향이나 방이 넓어 보이는 비결, 수납 기술 등을 알려줍니다.

방을 멋지게 꾸민 작은 방의 달인들의 아이디어를 참조해서 나만의 방을 예쁘게,

멋지게 업그레이드해 볼까요?

01

높이가 낮은 가구로 방을 더욱 넓게

신축 건물일 때 이 방으로 이사 온 kanna 씨. 침대, 소파, 테이블, 거울 등 덩치 큰 가구가 놓여 있지만, 방이 결코 좁아 보이지 않는 것은 소파나 테이블을 키가 작은 것으로 골랐기 때문입니다. 가구와 소품을 흰색이나 베이지색으로 통일해서 방이 밝아지고 압박감을 줄여 넓어 보입니다.

소개

kanna·회사원

1인 가구

32㎡

신축 1년

가장 가까운 역에서 도보 5분

월세 약 90만 원

흰색 & 베이지색으로 통일감을 준다

가구, 패브릭 등을 모두 흰색이나 베이지색을 선택하면 색깔의 통일감을 줄 뿐
만 아니라 방이 넓어 보이는 효과도 있습니다. 관엽 식물이나 드라이플라워로
포인트를 주면 너무 단순하지 않고 세련된 분위기를 연출할 수 있어요.

1

1 넓어서 압박감이 생길 만한 침대. 흰색 계열 리넨 침대보가 압박감을 덜어 주어 내추럴한 분위
   기를 만들어 줍니다.

2 러그 등의 깔개도 베이지 계열로 통일. 쿠션 커버도 흰색과 베이지 계열로 맞추면 어디에 두어
   도 통일감있게 잘 어울리죠.

3 낮은 테이블은 내추럴한 목재 중에서도 연한 톤으로 선택하고, 소파도 흰색 계열로 고르면 잘
   어울립니다.

4 귀여운소품이나 캔들, 방향제 등을 놓아 두는 원목
   선반rack도 낮은 것을 선택하고, 꼬마 전구로 살짝
   장식해 줍니다.

5 TV대도 낮은 것을 선택합니다. TV는 존재감이 강
   해서 생활감이 드러나기 쉽지만 테두리가 가느다
   란 것을 고르면 거슬리지 않습니다.

4

5

가구를 낮게 해서 공간이 넓어 보이게 한다

키가 큰 가구는 압박감을 주는 경우가 많으며 잘 배치하기도 힘들지요. 가구를 낮은 것으로 통일
해 방을 넓어 보이게 하는 것이 kanna 씨의 노하우입니다. 가구를 낮게 배치하면 시야가 넓어져
탁 트인 느낌이 듭니다.

바구니나 드라이플라워 등 소품을 활용

자주 사용하는 리모컨은 잘 보이는 곳에 두고 싶지만, 눈에 보이는 곳에 있으면 생활감이 드러납니다. 이렇듯 "보이고 싶지 않은 물건"은 바구니에 수납하세요! 또한 드라이플라워를 액세서리로 넣어 두는 등 소품을 활용하는 것이 비결이지요.

7

6

6 저널 스탠다드(Journal Standard, 1997년에 설립된 일본의 편집 매장-옮긴이)에서 산 거울 옆에 드라이플라워를 두어 마음에 쏙 드는 공간을 만들었습니다.

7 오른쪽 바구니는 뚜껑이 있어서 안이 보이지 않으므로 리모컨을 쏘옥 넣어 둡니다. 왼쪽 바구니에는 담요를 넣어 둡니다.

♥ 손수 만든 팬케이크로 힐링

침대나 소파에서 누리는 힐링. 좋아하는 '스누피와 친구들' 핫플레이트로 구운 팬케이크가 친구가 되어 줘요.

오래된 물건과 새 물건을 믹스매치해서 만드는
고급스러운 공간

오래된 것을 좋아한다는 mnmii___ 씨는 빈티지한 아이템이나 앤티크 아이템을 멋
지게 조합해 고급스러운 공간을 연출했습니다. 또한 마음에 드는 아이템은 적당히 보
이게 놓아 공간에 포인트를 주었습니다. 좋아하는 물건에 둘러싸여 있으면 마음이 충
족되어 방에 있는 시간이 더욱 즐거워진다고 하네요.

소개

[ⓘ] mnmii___ · 디자이너

1인 가구

14m²

지은 지 7년

가장 가까운 역에서 도보 10분

월세 약 90만 원

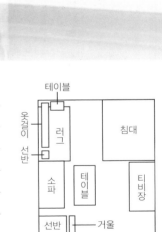

빈티지 아이템을 멋지게 배치한다

중고 거래 앱이나 온라인 숍 등을 활용해 빈티지 아이템을 구입. 이 방으로 이사 올 무렵 가구를 찾다가 빈티지한 사이드보드장을 보고 한눈에 반했고, 이 사이드보드장을 중심으로 조화를 이룰 만한 다른 가구를 마련했다고 합니다.

1

2

3

1 중고 거래 앱에서 구입했다는 거울. 거울은 자칫 밋밋한 느낌이 들 수 있지만, 앤티크 거울을 선택하면 인테리어를 멋지게 바꿔 줍니다.

2 꽃무늬 자수가 들어간 앤티크 패브릭으로 만들어진 커튼은 앤티크만이 갖는 독특한 분위기가 풍겨서 멋지지요.

3 빈티지한 느낌의 차분한 사이드보드장에 어울리는 소파와 낮은 테이블을 골랐습니다. 크기와 높이가 알맞게 균형을 이룹니다.

내가 좋아하는 아이템은 눈에 잘 띄는 곳에

좋아하는 아이템은 보기만 해도 마음이 흡족해지는 법이지요. 그렇다면 보이는 곳에 두자는 것이 mnmii___ 씨 스타일. 마음에 들어 자주 입는 재킷, 시간이 나면 펼쳐 보고 싶은 잡지나 책은 눈에 잘 띄는 곳에 둡니다. '보이는' 인테리어 효과도 있으니까요.

5

4 외출할 때 살짝 걸쳐 입는 아이템은 랙에 걸 어두지요. 밖에는 흰색 아이템만 걸어 놓으 면 인테리어와도 어울립니다.

5 좋아하는 책이나 잡지, 또는 잡지에서 좋아 하는 사진을 잘라낸 스크랩북도 여기에 둡 니다. 책등이 보이지 않게 두는 것이 비결.

4

장소마다 메인 색을 정한다

장소에 따라 포인트로 삼을 색을 바꿔보는 것도 추천할 만합니다. mnmii___ 씨는 주방은 빨강, 화장실은 파랑으로 메인색을 정해서 통일감을 주었습니다. 기본 색은 흰색 등 맞추기 쉬운 색으로 하고, 포인트가 될 만한 색을 넣으면 분위기도 밝아집니다.

6 허전해 보일 수 있는 화장실 벽은 엽서나 갈란드Galand 등으로 장식합니다. 메인 색을 파랑으로 선택하면 청결한 느낌을 더해 줍니다.

7 주방의 메인 색은 빨강. 기본은 흰색이나 목재 느낌 등 내추럴한 톤으로 정돈하고, 테이블보나 소품은 빨강으로 통일해 포인트를 줍니다.

6

7

♥ 사이드보드장에는 직접 만든 액세서리를 넣어둬요.

예전에 판매도 했다는 수제 액세서리. 마음에 드는 사이드 보드장에는 액세서리를 만들기 위한 팔레트 등도 함께 넣어 두었습니다.

콤팩트하게 정리한 나만의 비밀 기지

가구를 줄여서 시원하게 보이고 싶었다는 ai 씨의 방. 컴팩트하게 정리한 방은 '비밀 기지 같은 이미지'로 스타일링했다고 하네요. 가구를 줄이면 청소가 간편해진다는 장점도 있습니다. 색깔은 흰색을 기본으로 한 뒤 갈색과 녹색을 더해 내추럴한 톤으로 마무리했습니다.

소개

ai · 판매원

1인 가구

25m²

지은 지 10년

가장 가까운 역에서 도보 7분

월세 55만 원

의자

침대

테이블

선반

러그

사이드 테이블

가구는 최대한 적게. 하지만 장식을 약간 해준다

가구나 잡화 등 물건은 최대한 적게 둘 것. 하지만 아무것도 없으면 너무 밋밋해 보이므로 관엽 식물이나 꽃, 간접 조명 등으로 예쁘게 마무리합니다. 멋진 밸런스가 따라하고 싶은 포인트. 구석마다 선반을 배치해 잡화나 관엽 식물을 두는 것도 추천할 만합니다.

1

1 침대, 체스트, 테이블과 체어 등 가구는 최소한으로 배
  치했습니다. 구석에 관엽 식물을 두어 포인트를 주었습
  니다.

2 IKEA에서 산 사이드 테이블에는 좋아하는 책을 두었습
  니다. 그 위에 살짝 놓아 둔 꽃이 방의 분위기를 환하게 살
  리는 포인트 역할을 합니다.

3 하얀 체스트 위에는 거울과 관엽 식물, 방향제를 두었습
  니다. 실용성과 인테리어를 겸한 멋진 배치는 따라해 볼
  만한 포인트입니다.

2

3

♥ 프로젝터는 집에 머무는 시간의 필수 아이템

방에는 TV가 없어요. 대신에 HOMPOW의 프로젝터로
영화나 유튜브를 볼 때가 집에서 보내는 가장 행복한 시
간입니다.

04
노출 콘크리트로 심플하게

분위기 있는 노출 콘크리트 하우스는 방 자체의 세련된 분위기를 살려서 인테리어도 심플하게 하는 것도 좋습니다. 벽 색깔에 맞춰 인테리어도 회색, 흰색, 베이지색의 세 가지 색만으로 제한했다는 점도 심플하게 정돈하는 요령입니다. 수납 공간이 적은 것은 아이디어로 커버해볼까요?

소개

saki · 회사원

1인 가구

16m²

지은 지 10년 이상

가장 가까운 역에서 도보 3분

월세 80만 원 이하

수납 공간이 적은 것은 아이디어로 커버

노출 콘크리트 하우스는 멋스럽기는 하지만 현실적으로 수납 공간이 적은 곳이 많습니다. 그런 고민은 아이디어가 필요합니다. 약간의 자투리 공간을 알차게 활용해 깔끔하게 수납해 봅시다. 정리와 청소까지 쉬워지는 비결도 많답니다.

1	2	3
	4	

1 수납 공간이 전혀 없는 세면대는 자주 사용하는 것은 꺼내어 놓고, 아래의 자투리 공간에 수납 상자나 바구니를 두어 소품류를 수납합니다.

2 세탁 공간 위쪽에 빨랫대를 설치하고 거기에 S자 고리를 걸면 식탁보나 에코백을 많이 걸 수 있어요!

3 세탁기 위의 선반에는 주방에 다 놓아 둘 수 없는 식기류나 조리 도구, 조미료 등을 둡니다. 옆에는 선반을 놓아 세제 등을 보관합니다.

4 침대 아래도 멋진 수납 공간이 되어 줍니다! 수납 상자나 바구니를 사용해 평소 잘 사용하지 않는 것을 정리했습니다.

회색, 흰색, 베이지색의 3가지 색으로 정돈한다

회색 벽면을 살려서 인테리어는 회색, 흰색, 베이지색으로 통일합니다. 사용하는 색을 줄이면 스타일리시한 분위기로 마무리할 수 있습니다. 면적이 큰 침대에는 흰색 리넨을 사용했습니다. 밝은 색을 사용하면 압박감을 줄이고 방이 넓어 보이는 효과도 낼 수 있습니다.

5 벽면에 맞춰서 사얀사얀(SAYANSAYAN, 일본의 수입 카페트, 융단 전문점-옮긴이)의 러그도 회색 계열로 구매했습니다. 낮은 테이블은 구입 후에 직접 색을 다시 칠했습니다.

5

💙 **사회적 거리두기 기간 중에 커피와 허브티에 흠뻑 빠졌어요!**

원래 커피와 허브티를 좋아했지만, 사회적 거리두기 기간 동안에 커피에 더욱 빠져들었습니다. 요즘 좋아하는 것은 스플릿SPLIT 인스턴트 커피.

05

드라이플라워나 꼬마 전구로
월 데커레이션을 즐긴다!

세로로 긴 방의 구조를 살려서 공간이 넓어보이도록 높은 가구는 뒤쪽에, 낮은 가구는 앞쪽에 배치. 악센트 클로스에 드라이플라워나 꼬마 전구를 장식해 취향에 맞는 방으로 바꿨습니다. 앞으로도 계절이나 기분에 따라 조금씩 변화를 주는 즐거움을 누리고 싶다는 shii___13 씨.

소개

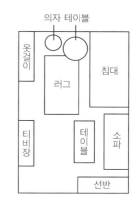

@ shii___13 · 학생

1인 가구

12m²

지은 지 9년

가장 가까운 역에서 도보 3분

월세 약 80만 원

벽에 예쁘게 변화를 준다

악센트 클로스로 삼은 벽면이나 침대 주위 공간은 예쁘게 꾸며서 나다움을 연출하지요. 특히 드라이플라워나 꼬마 전구, 앤티크풍의 액자를 좋아해서 적당한 가격의 물건을 조합해 월 데커레이션을 즐기고 있습니다.

1

1 갈색 악센트 클로스에 내추럴키친 Natural kitchen에서 구입한 드라이플라워, 액자 등을 장식했습니다.
2 침대 옆에는 커튼을 이용해 캐노피 canopy 분위기를 냈습니다. 여기에도 좋아하는 사진, 꼬마 전구를 장식해 예쁘게 마무리했습니다.

2

♥ 어머니에게 받은 앤티크 접시가 보물

프랑스 앤티크 접시는 어머니가 주신 선물이라고 해요. 너무 소중한 보물이라 언제나 보이는 곳에 놓아둔다고 하네요.

내 방의 설렘 포인트

공들여 꾸민 방에는 반드시 가슴 설레는 포인트가 있습니다. 여러분이 좋아하는 가구나 공간은 어디인지 물어보았어요!

ⓞ shii__13t · 학생

좋아하는 캔들이나 드라이플라워로 선반 위를 장식해 화장대 대신으로.

창문 모양 거울에 폭신폭신한 털 러그를. 매일 들여다보고 싶어지는 공간입니다.

ⓞ sasami_3331 · 학생

한국에서 직구한 섀도 램프와 책을 장식해 두었어요. 특히 좋아하는 소품이라 보기만 해도 행복해져요.

ⓞ ay.enimg · 회사원

침대 겸 소파에서 편히 쉬면서 프로젝터로 한국 드라마를 보면 기분 최고!

ⓞ __maxx115413 · 회사원

방을 리모델링할 때 달아 준 여닫이문. 언젠가는 문 색깔을 바꿔 보고 싶다고 해요.

ⓞ _nevvxnevv_ · 회사원

외출하기 전의 시간을 소중히 여기는 RINA씨. 외출 전에 잠깐 독서하는 것이 요즘 일과라고 하네요.

RINA · 학생

재택근무할 때 주로 사용하는 책상 주위에 컬러풀한 꽃을 장식하면 업무 의욕 충만!

ⓞ ___ymst · 자영업자

41

2

Technique of
My Room

방을 넓어 보이게 하는 테크닉

작은 방에 가구를 많이 들여놓으면

압박감이 생겨서 마음이 편안하지 않지요.

우선 방을 넓어 보이게 하는 테크닉을 배워서

포근한 방을 만드는 것을 목표로 삼아 볼까요.

가구 배치를 살짝 바꾸는 아이디어와

가구 고르기로 분위기를 싹 바꿔 봅니다.

방을 넓어 보이게 하는 포인트는
가구와 배치, 그리고 톤

×
×
×

작은 방에서 안락함을 느끼려면 얼마나 넓어 보이느냐가 중요합니다. 이때 기억해야 할 포인트는 3가지. 첫째는 높이가 낮은 가구를 선택할 것, 둘째는 연한 톤으로 통일할 것, 셋째는 커다란 거울을 놓아둘 것입니다.

먼저 높이가 낮은 가구를 선택하면 압박감이 사라져서 넓어 보일 뿐만 아니라, 시선이 머무는 높이에 여백이 생기므로 공간이 넓게 느껴지는 효과가 있습니다. 연한 톤으로 통일하는 것도 방을 밝고 넓어 보이게 하기 위해서지요. 또한 거울을 두면 공간이 더 있는 것처럼 확장시켜 주는 시각 효과 때문에 넓어 보입니다. 3가지 중에 먼저 할 수 있는 것부터 시작해 보세요.

방이 넓어 보이게 하는 포인트

낮은 가구를 선택해 공간을 만든다

높지 않은 가구를 선택하면 여백이 생겨 넓어 보일 수 있습니다. 배치에도 신경을 써야 해요.

Point 2

연한 톤으로 통일해 밝아 보이게 한다

가구나 잡화를 흰색이나 베이지색 등 연한 톤으로 맞추면 방이 밝아져서 넓어 보입니다.

Point 3

커다란 거울을 두어 깊이감을 준다

전신 거울 등 커다란 거울을 방에 두면 착시 효과에 의해 방이 좀 더 넓게 느껴집니다.

가구의 선택과 배치가 방 분위기를 좌우한다

작은 방을 꾸밀 때는 가장 먼저 방을 넓게 보이게 하는 테크닉을 시도해 보세요. 서너 평 정도의 작은 방이라도 아이디어에 따라 충분히 넓게 사용할 수 있습니다. 이때 중요한 것은 가구의 선택과 배치입니다. 방의 넓이와 전혀 어울리지 않는 커다란 사이즈나 무거운 색감의 가구는 중압감을 주어 방을 좁아 보이게 할 뿐만 아니라, 왠지 궁색하고 답답한 분위기를 만듭니다. 바로 그렇기 때문에 더더욱, 첫 번째 가구 선택은 대단히 중요합니다.

또한 그 가구를 어떻게 두느냐도 포인트가 됩니다. 배치만 바꾸어도 방에 들어왔을 때의 분위기, 사용할 수 있는 공간의 넓이가 완전히 달라지거든요. 먼저 가구의 선택과 배치를 생각하면서 방을 꾸며보세요.

ai씨의 방

높이가 낮고 연한 톤의 가구를 여유있게 배치

방을 넓어 보이게 하는 가구와 톤을 선택하는 비결은 45쪽에서 소개한 세 가지, 즉 낮은 가구를 선택할 것, 연한 톤으로 통일할 것, 그리고 거울을 두어 착시 효과를 연출할 것입니다.

높이가 낮은 가구에 흰색이나 베이지 계통 등 연한 톤의 소품을 선택하는 것은 방을 넓어보이게 하는 기본 기술입니다. 방 전체를 밝게 히면 넓어 보이는 착시 효과가 생기거든요.

또한 거울을 두어 착시 효과를 연출하는 것도 방을 넓어 보이게 하는 중요한 포인트입니다. 거울을 통해 공간에 깊이감이 생기고, 그 착시 효과로 방이 넓어 보이는 것이지요. 가능하면 전신 거울 같은 커다란 거울을 두세요. 전신 거울은 아침에 집을 나서기 전에 옷 차림새를 체크할 때도 아주 좋으므로 실용성 면에서도 추천할 만합니다.

이제 이 세 가지 테크닉을 활용한 방을 보여드릴게요. 실제로 활용하고 있는 테크닉이라서 바로 참조할 수 있을 뿐 아니라, 마음만 먹으면 간단히 적용할 만한 것들이 많이 있답니다.

낮은 가구를 선택해 공간에 여백을 만든다

...

침대나 옷장, 책장 등 키가 크고 멋진 가구도 많지만, 넓어 보이려면 키가 작은 가구를 선택하는 것이 철칙입니다. 특히 침대는 면적이 넓어서 키가 큰 것을 고르면 압박감이 강해지는 경향이 있습니다. 높이가 낮은 침대를 선택하거나 저상형 침대 깔판 위에 매트리스를 깔아서 침대를 직접 만드는 것도 추천합니다. 옷장이나 책장 같은 수납 가구는 되도록 시선보다 높이가 낮은 것을 고르세요. 수납 공간이 적어질 수 있지만, 반짝이는 아이디어를 짜내서 해결할 수 있습니다.

사이즈가 큰 침대는 높지 않은 것을 선택해 압박감이 생기지 않도록 합니다.

mo_co_o__ · 학생

낮은 테이블과 낮은 TV대
를 두어 시선 높이에 넓은
여백을 만들어 냅니다.

◎ scsy171 · 회사원

디자인성이 높은 아이템을 사용해 방의
분위기를 손쉽게 만들 수 있습니다.

141412__ · 회사원

존재감이 있는 커다란 테이블은 높이가 낮은 것을 선택해 압박감을 줄입니다.

1239gram · 회사원

장식장으로 사용할 선반은 TV대와 높이를 맞춰 시선을 낮춥니다.

kanna · 회사원

색이 진한 가구라면 높이가 낮고 크기가 작은 것을 선택해 넓게 보이게 하죠.

kanako · 회사원

저상형 침대 깔판과 매트리스의 조합으로 방을 넓어 보이게 하는 낮은 침대 완성!

kaori · 회사원

연한 톤으로 통일해 밝아 보이게 한다

...

짙은 톤의 가구는 중후한 느낌은 있지만, 아무래도 공간에 압박감을 더해 주기 쉽습니다. 연한 톤의 가구를 선택해 방을 밝아 보이게 해 보세요. 방이 밝아지면 탁 트인 느낌이 생겨서 넓어 보입니다. 가능하면 방을 구할 때 바닥에 밝은 색 마루가 깔린 방을 고르면 전체적으로 밝은 톤이 되어 방이 더욱 넓어 보이는 효과를 기대할 수 있습니다. 바닥이 연갈색 톤이라면 흰색이나 베이지색 등 밝은 색 러그를 깔아서 진한 색깔의 영역을 줄여 주는 것이 좋습니다.

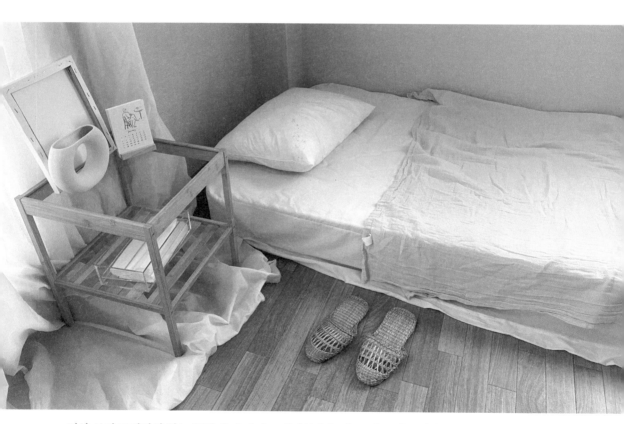

연한 톤의 프레임이 있는 투명 유리 사이드 테이블을 놓아 좀 더 트인 느낌을 주었어요.

⊙ airi_knd · 회사원

세라믹 타일에 맞춰 하얀색 가구를 놓았습니다.

ⓘ ri_1room · 회사원

가구는 반드시 흰색이나 베이지색 등 동일 계열로 정돈합니다.

🔲 mne_room · 회사원

가구를 흰색과 내추럴한 계통의 라이트 오크로 통일하면 방이 밝아집니다.

🔲 ___hruk_ · 주부

흰색과 베이지색을 베이스로 하고 너무 튀지 않는 색깔의 쿠션으로 포인트를 주었습니다.

🅞 __maxx115413 · 회사원

가구 배치의 포인트는 연한 톤과 작은 크기.

🅞 yoko_nnm · 회사원

커다란 거울을 두어 깊이감을 준다

...

작은 방이 좁아 보이는 원인 중 하나는 깊이감이 없다는 것입니다. 면적이 작고 창문 수가 적으면 벽으로 둘러싸인 분위기 때문에 방이 더욱 좁아 보입니다. 깊이감이 없다는 문제를 해결하는 가장 좋은 방법은 커다란 거울을 놓아 두는 것입니다. 전신 거울이 가장 좋지만 도저히 공간이 없어서 두기 힘들다면 반신이 비칠 정도의 크기도 좋습니다. 바닥에 둘 수 없다면 책상 위에 두어도 상관없어요. 거울의 반사로 생기는 착시 효과로 공간에 깊이감이 생겨 방이 넓어 보입니다.

앤티크 전신 거울을 놓아 방의 폭이 좁은 것을 커버했습니다.

ⓘ mnmii___ · 의류업계

자리를 많이 차지하지 않는 벽걸이 타입의 전신 거울을 놓으면 공간 활용도도 높아집니다.

aaasanooo · 프리랜서

가구가 모여 있는 영역에 전신 거울을
놓아 공간에 깊이감을 주었습니다.

mne_room · 회사원

심플한 전신 거울에 녹색 식물을 곁들여 취향에 맞게 꾸며 보았어요.

kaori · 회사원

목재 프레임의 전신 거울을 창가에 두니 빛을 반사해 방을 더욱 밝게
만들어 줘요.

kkkayanooo · 자영업

내가 좋아하는 탁상 거울인 빈 미러
bean mirror는 디자인성도 최고, 실용
성도 최고.

⊙ 1239gram · 자영업

침대 옆의 자투리 공간을 활용
해 커다란 거울과 좋아하는 소
품을 두었어요.

hikari · 회사원

3

Technique of a lived in feeling

생활감을 감추는 테크닉

가구나 인테리어에 아무리 신경을 써도

리모컨이나 가전제품 등 생활감 있는 물건이 여기저기서 눈에 들어오지요.

그럴 때는 바구니에 넣어서 숨기거나

멋진 용기에 담아 두는 등

소소한 테크닉으로 방의 분위기를 확 바꿀 수 있어요.

생활에 꼭 필요한 물건은
더욱 잘 정리하고 싶다

×
×
×

방을 멋지게 꾸미고 싶다면 생활감을 감추는 것이 중요합니다. 리모컨이나 청소 도구 등 생활하는 데 꼭 필요한 아이템들이 많이 있지요. 생활감이 있는 물건을 바구니에 넣거나 심플한 용기에 옮겨 담고, 배수구 주변 등 잡동사니로 어질러지기 쉬운 곳은 작은 수납 용품을 활용해 생활감을 줄일 수 있습니다. 여기서는 그런 물건을 어떻게 수납하고 보여줄지, 인테리어 달인들의 비법을 소개합니다.

생활감을 감추는 포인트

Point 1

생활감이 드러나는 물건은 바구니나 박스에 쏙!

리모컨이나 타월 등 그대로 두면 생활감이 드러나는 물건은 바구니에 쏙!

Point 2

내용물을 옮겨 담는다 & 라벨을 붙인다

생활 용품이나 식품은 내추럴하고 심플한 용기에 옮겨 담고 라벨을 붙이면 아주 좋습니다.

Point 3

콤팩트한 수납 용품을 활용한다

어질러지기 쉬운 곳은 무조건 깔끔하게 정돈하면 생활감이 드러나지 않고 청소도 쉬워집니다.

생활감이 드러나는 물건은 잘 숨긴다 & 옮겨 담는다

생활감이 드러나는 물건 중에 리모컨이나 생활 용품 같은 소소한 물건은 일단 바구니나 상자에 넣어 둡니다. 리모컨이나 화장품 등은 자주 사용하므로 꺼내기 쉬운 곳에 두고 싶지요. 하지만 눈길이 닿는 곳에 두면 어질러져서 생활감이 드러납니다. 이런 물건을 수납하기에는 바구니나 박스가 가장 좋지요.

뚜껑이 있으면 그대로 내용물을 숨길 수 있으며, 뚜껑이 없더라도 패브릭 등으로 덮으면 문제없습니다. 내용물에 따라 보이게 수납할 수도 있습니다.

주방이나 거실, 식탁에 있는 커피나 홍차, 조미료 등은 외관상 멋진 것을 찾아내기가 꽤 힘들지요. 예쁜 것들이라면 그대로 놓아도 좋지만, 예쁜 것들은 대개 비싼 것이 흠입니다.

그러므로 가장 좋은 방법은 담아 두는 용기를 바꾸는 것입니다. 내추럴한 것, 심플한 것, 보기에 예쁜 병이나 케이스를 마련해서 용기를 바꿔 주면 생활감이 사라집니다. 또한 심플한 용기에 라벨을 붙여서 멋지게 마무리하는 것도 추천할 만합니다. 용기와 라벨의 조합을 즐겨 보는 것도 포인트지요.

ⓞ ys_casa 화사연

콤팩트한 수납 용품으로 정리 정돈한다

주방, 세면대, 욕실 등의 배수 설비는 생활감이 드러나기 쉬운 곳입니다. 주방이라면 조리 도구나 접시, 스푼과 포크류, 세면대나 욕실은 청소 도구나 생활 용품 등의 물건이 많은 데다 여기저기 어질러지고 생활감이 드러나기 쉽지요. 그런 배수 설비가 있는 곳은 철저하게 정리하는 것이 중요합니다. 보이는 물건 개수를 최대한 줄이거나 용기의 취향을 통일하는 등 정리 정돈을 해 줍니다. 타월이나 수납 상자 등은 똑같은 것으로 갖춰 두면 정리하기도 쉽고 깔끔하게 보이며, 더 사거나 교체할 때도 똑같은 것을 사면 되므로 쓸데없는 수고도 덜어 줍니다.
또한 평소에 배수 설비를 철저하게 정리해 두면 청소하기 편리하다는 장점도 있지요.

생활감이 드러나는 물건은 바구니나 박스에 쏙!

...

바구니나 박스는 황마 같은 천연 소재를 사용한 것부터 철망이나 양철 같은 금속계소재 제품까지 여러 가지 타입이 있지요. 또한 내용물이 보이는 것이나 뚜껑이 달려서 내용물을 감출 수 있는 것 등 타입도 크기도 각양각색입니다. 자신의 취향이나 방의 분위기에 맞춰서 골라 사용합니다. 리모컨이나 화장품 등 보여주고 싶지 않은 물건은 내용물이 보이지 않는 타입을 사용하고, 타월이나 침대 시트 등 눈에 띄어도 어수선해 보이지 않는 물건은 보이는 타입에 넣어두어도 좋습니다.

크기가 다른 바구니를 갖춰 두면 통일감도 연출할 수 있습니다.

ⓞ ___ymst · 경영자

자주 사용하는 파우치나 장볼 때 쓰는 에코백은 뚜껑이 달린 바구니에 수납.

ⓞ mnmii___ · 의류업계

큼지막한 바구니를 쌓아
두면 수납력 최고.

ⓞ piyomaru_room · 회사원

매일 사용하는 화장품은 바로 넣고 꺼낼 수 있는 '오픈형 수납' 철망형 바구니에 넣어 두어요.

RINA · 학생

방의 분위기에 맞춰서 바구니에 리본을 매어 주었습니다.

⊙ sasami_3331 · 회사원

침대 밑 공간도 바구니를 사용하면 정리가 간단합니다.

saki · 회사원

양철 재질의 트렁크나 함석 상
자를 침대 아래의 수납에 활용.

pin_room · 디자이너

내용물을 옮겨 담는다 & 라벨을 붙인다

...

예쁜 생활 용품 세트를 저렴하게 살 수 있다면 좋겠지만, 현실적으로 그리 쉽지 않습니다. 가장 간단하고 금방 실천할 수 있는 방법은 내용물을 다른 용기에 옮겨 담는 것입니다. 특히 커피나 홍차, 조미료는 방의 크기나 취향에 따라 예쁜 그릇에 내용물을 옮겨 담으면 보이는 수납이 된답니다. 투명한 용기는 내용물이 보이므로 다시 채워야 할 타이밍도 바로 알 수 있지요! 심플한 용기를 마련해서 라벨을 붙여 꾸며 보는 것도 재미있습니다.

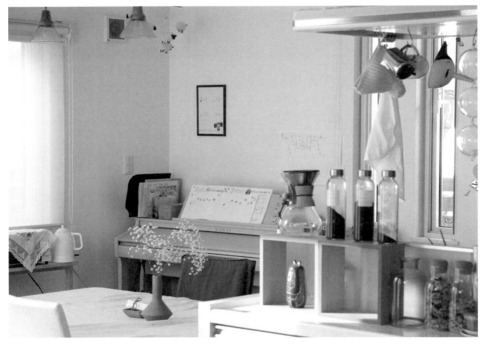

내가 좋아하는 커피나 홍차는 병에 담아 두어 카페 분위기를 연출합니다.

ⓞ mayicun · 주부

커피는 병에 옮겨 담아요.
유리병을 활용해 레트로
분위기를 내 보았습니다.

📷 manhime_room · 주부

투명한 밀폐 용기에 스티커
라벨을 붙여 사용하기 편하
게 해 보았어요.

📷 myu_12___ · 회사원

$$\boxed{\text{Point 3}}$$

콤팩트한 수납 용품을 활용한다

···

매일 사용하는 주방이나 세면대, 욕실 등의 배수 설비 주변은 물건도 많고 어질러지기 쉽죠. 따라서 철저하게 정리하는 것이 청결하게 유지하는 비결입니다. 주방은 싱크대나 가스레인지, 인덕션 주위에 자주 쓰는 조미료와 조리 도구만 둡니다. 그 밖의 물건은 수납장에 넣어 둬요. 세면대의 수납장은 주변에서 쉽게 찾아볼 수 있는 생활용품 판매점에서 파는 분류용 케이스를 활용하면 정리하기 쉽고 청소하기도 편리합니다. 눈길이 닿는 곳에 수납할 때는 내추럴한 소재의 케이스나 선반을 활용해도 멋지겠지요.

밖에 두는 물건은 되도록 줄여요. 용기나 선반도 흰색으로 맞춰서
청결감을 높입니다.

ⓘ _hruk_ · 주부

저렴한 잡화를 구입해서
깔끔하게 정돈합니다

myu_12___ · 회사원

철제 선반이나 웨건을 달아서 '보이는' 수납을 실현합니다

kaori · 회사원

손수 거울 등으로 꾸민 세면대는 반투명 수납 케이스
로 분류해 정리 정돈.

ⓞ mne_room · 회사원

심플한 수납 상자가 건조한
느낌의 공간에 잘 어울려요.

saki · 회사원

다양한 크기의 수납 상자로 딱 들어 맞게 정돈해요.

ⓘ mnmii___ · 디자인 관계

타월은 똑같은 것을 갖추면 층층이 쌓아 두어도 깔끔하죠.

ⓘ a___home · 회사원

타월과 색깔을 맞춘 베이지색 수납 상자를 활용합니다.

ⓘ _nevvxnevv_ · 회사원

4

Technique of
my color

방에 나다움을 불어넣는 테크닉

인스타그램을 비롯한 SNS에서 인기 있는 방을 골랐습니다!

방에 대한 나만의 취향이나 방이 넓어 보이는 비결, 수납 기술 등을 알려줍니다.

방을 멋지게 꾸민 작은 방의 달인들의 아이디어를 참조해서 나만의 방을 예쁘게,

멋지게 업그레이드해 볼까요?

소품이나 잡화, 식물, 러그로
나다움을 표현한다

×
×
×

머물기만 해도 행복한 느낌이 드는 방을 만들고 싶다면 반드시 소품이나 잡화 등을 취향에 맞춰 까다롭게 고릅니다. 내추럴 계통, 한국 스타일, 소녀풍 등 어떤 방으로 꾸미고 싶은지 취향이 정해지면, 취향에 맞는 소품이나 잡화 등으로 방을 장식해 자신만의 개성을 불어넣습니다. 무엇을 장식할 것인지는 물론이고 어디를 얼마나 장식할지 등 균형 감각도 중요합니다. 여러 사람의 방을 참고해 가장 마음에 드는 것부터 따라해 봅니다. 익숙해지면 자기만의 방식으로 변형해 내가 좋아하는 공간이 되도록 마무리합니다.

방에 나다움을 불어넣는 테크닉

Point 1

좋아하는 예술품으로 벽을 장식한다

좋아하는 작가의 패브릭 포스터나 사진, 엽서로 벽을 장식하면 기분이 좋아집니다.

Point 2

드라이플라워나 식물을 더한다

드라이플라워나 관엽 식물, 생화를 놓으면 방이 밝고 화려해집니다.

Point 3

러그는 소재나 무늬를 고려해 고른다

러그는 인테리어 소품이므로 방의 포인트가 되도록 고르는 것이 정답입니다. 소재나 색깔, 무늬를 보고 골라 봅니다.

예술 작품이나 식물로 방 분위기를 화려하게

방의 벽은 나다움을 표현하기 위한 캔버스입니다. 아무것도 없는 을씨년스러운 공간을 좋아하는 아이템으로 장식해서 나만의 스타일로 다듬어 봅니다. 인기 있는 패브릭 포스터나 엽서, 사진 등을 붙여서 방에 나다움을 불어넣어 보세요. 월 데커레이션은 가벼운 마음으로 도전해 볼 수 있고, 좋아하는 취향의 물건을 몇 가지 패턴으로 준비해 두면 마치 옷을 갈아입듯이 분위기를 간단히 바꿔 볼 수 있습니다.

분위기에 맞춰서 매치할 만한 아이템으로 드라이플라워나 식물이 인기가 있습니다. 특히 드라이플라워는 쉽게 구할 수 있고 꽃병에 꽂거나 늘어뜨리는 등 다양하게 변형시킬 수 있습니다. 관엽 식물이나 생화는 색깔이 화려한 것도 많으므로 포인트가 될 뿐만 아니라, 방을 밝게 하는 효과도 있습니다. 또한 식물은 방에 두기만 해도 힐링 효과를 기대할 수 있습니다.

요즘은 생화처럼 잘 만든 조화를 찾는 사람들도 늘고 있습니다. 특히 튤립이 인기가 있는 데요. 좀 더 감성적인 집으로 꾸미고 싶다면 꼭 있어야 하는 아이템 가운데 하나입니다.

ⓘ __maxx115413 · 회사원

ⓘ ri_1room · 회사원

러그는 디자인이나 무늬, 소재를 고려해서 선택

큰 면적을 차지하는 러그는 방의 인상을 좌우하므로 취향을 살려서 고릅니다. 또한 포인트로 쓸 수 있는 작은 러그는 계절이나 기분에 맞춰서 바꿀 수 있는 것을 고르는 것이 좋습니다.

우선은 가구가 흰색이나 베이지색 등 연한 톤이라면, 동일한 계열색을 고르는 것이 기본입니다. 그런 다음 방의 포인트를 줄 수 있도록 디자인이나 무늬, 소재로 살짝 장난기를 불어넣어 나다움을 드러냅니다.

강렬한 포인트를 주고 싶다고 너무 강한 색깔을 고르면 방 분위기와 맞지 않고 러그만 튀어 보이는 경우도 있으니 색깔의 톤은 반드시 가구와 맞추는 것이 좋습니다.

ai · 판매원

141412___ · 회사원

aaasanooo · 프리랜서

좋아하는 예술품으로 벽을 장식한다

...

방을 넓어 보이게 하기 위해 키가 작은 가구를 선택하면 벽면에는 여백이 생깁니다. 멋진 패브릭 포스터나 엽서, 사진 등의 예술품으로 벽면을 장식해 좀 더 세련된 분위기를 연출합니다. 장식하는 아이템은 내가 정말로 좋아하는 것, 마음에 드는 것으로 정하는 것이 가장 좋습니다. 좋아하는 것이 가까이 있으면 그것만으로도 기분이 한결 행복해지겠지요. 마음에 든 물건을 모아 계절이나 기분에 따라 바꿔 보는 것만으로도 방의 분위기가 바뀌어 새로운 느낌이 듭니다.

계절이 바뀔 때나 기분에 따라 포스터를 바꿔요. 테이블보와도 최고의 조화를 이루죠.

📷 ___hruk_ · 주부

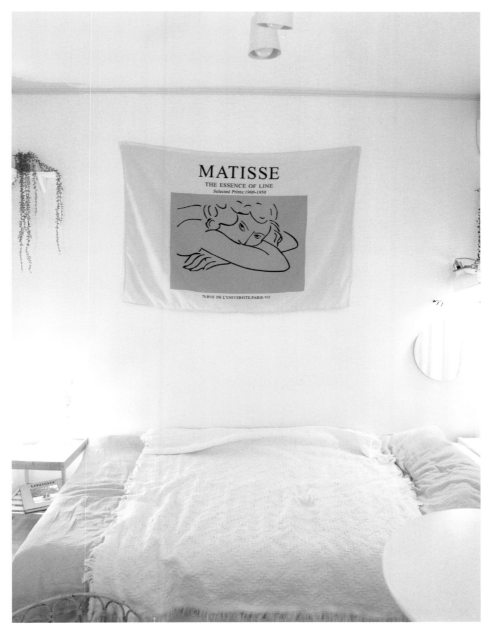

앙리 마티스의 패브릭 포스터를 눈에 잘 띄는 곳에 걸어두어요.

ai · 판매원

캘린더 타입의 패브릭 포스터는 예쁘고 실용성도 좋습니다.

__maxx115413 · 회사원

인테리어와 어울리는 색색의 카드나 사진으로 공간에 통일감을 줘요.

kaori · 회사원

무엇이든 액자에 넣으면 분위기가 달라지죠.

⟨ys_casa · 회사원

연한 색깔의 엽서를 포스트잇
이나 마킹 테이프로 붙여서
장식합니다.

mo_co_o__ · 학생

좋아하는 카탈로그의 사진을 오려서 붙이기만 해도 마음에 쏙 드는 공
간으로 변신합니다.

mnmii___ · 디자이너

넓고 하얀 벽은 나만의 캔버스.

nanana_ig · 회사원

드라이플라워와 함께 아주 좋아하는 작품을 장식해 기분이 좋아집니다.

mika · 회사원

드라이플라워나 식물을 더한다

...

드라이플라워나 관엽 식물, 생화 등 식물은 구하기도 쉽고 방을 밝고 화려하게 만들어 주어 인테리어 소품으로 인기가 있습니다. 꽃이나 나뭇잎 색깔, 모양에 따라 분위기도 달라지니 방의 취향이나 선호하는 스타일에 맞춰서 골라 보세요. 특히 꽃이 핀 시골은 방에 컬러감을 주고 싶을 때 가장 좋습니다. 포인트삼아 한두 송이 놓아도 좋고, 많이 두어도 세련된 분위기를 연출할 수 있습니다. 각각의 식물에 어울리는 화분이나 꽃병을 고르는 것도 즐거운 일이지요. 고르는 순간부터 장식한 다음까지도 행복감을 느끼게 만드는 아이템입니다.

흰색으로 통일한 인테리어에, 드라이플라워를 강조색으로 활용.

ⓞ nanana_ig · 회사원

고리식 행어에 다양한 소품을 매달아 오브제 처럼 즐겨요.

🅞 sshokohss · 회사원

심플한 작업 공간에는 성숙한 분위기의 드라이 플라워를 둬요.

🅞 pin_room · 회사원

천장이 높아서 생긴 여 유 공간에 드라이플라 워를 매달아 둡니다.

🅞 ri_1room · 회사원

줄줄이 매달아 두면 새하얀 벽도 쓸쓸해
보이지 않습니다.

🄞 piyomaru_room · 회사원

좋아하는 스피커와 나란히 두어 빈티지
스러운 공간으로.

🄞 __maxx115413 · 회사원

걸이식 꽃병을 사용하면 간단하게 세련된 공간을 완성할 수 있죠.

🄞 manhime_room · 주부

계절에 맞춰 생화를
장식하면 분위기도
달라집니다.

◎ ay.enimg · 회사원

감각적 디자인의 아이템을 사용해 방
분위기를 간단히 업그레이드.

◎ sshokohss · 회사원

이케아 선반에 식물을
놓아 두면 싱싱한 색깔
이 포인트를 줍니다.

◎ kkkayanooo · 자영업

러그는 소재나 무늬를 고려해 선택한다

...

러그는 종류가 다양해서 소품처럼 고르는 즐거움이 있습니다. 바닥을 덮어 주는 효과가 있지만 디자인, 소재, 무늬에 따라 방의 포인트를 주어 세련된 분위기를 연출해 줍니다. 예를 들면 털이 긴 퍼 소재의 자그마한 러그로 소녀풍의 악센트를 주거나, 전면에 무늬가 있는 러그나 아트 디자인 러그를 방 가운데 깔면 폭넓은 스타일링을 즐길 수 있습니다. 계절이나 기분에 따라 러그를 바꾸면 배치를 바꾸는 것보다 쉽게 방의 분위기를 바꿀 수도 있습니다.

트렌디한 감각의 일러스트 디자인 러그도 작은 것이라면 배치하기 쉽죠.

kaori · 회사원

동양풍 무늬의 러그는
방의 중심이 됩니다.

◎ __maxx115413 · 회사원

퍼 소재의 러그를 거울이나 레이스
와 조합해 소녀 스타일로 꾸몄어요.

◎ sasami_333 · 학생

인스타그램 속 비밀 수납 테크닉 엿보기

여러분은 화장 도구나 패션 아이템을 어떻게 수납하고 있나요?
평소에는 보여주지 않는 수납 테크닉을 살짝 엿보았답니다.

좋아하는 병에 마스카라나 립스틱 등 평소에 자주 쓰는 화장품을 담아서 선반에 수납.

ⓞ ri_1room · 회사원

매니큐어는 바구니에 정리한다. 예쁜 바구니라면 밖에 두어도 좋다.

ⓞ ___hruk · 주부

용도별로 지퍼백에 넣은 뒤 상자에 담아서 깔끔하게 보관.

saki · 회사원

자주 쓰는 물건은 옷장에 넣고 계절이
지난 물건이나 리넨류는 바구니에 수납.

ri_1room · 회사원

1.5미터 정도 넓이의 벽장. 소소한 물품
은 바구니에 정리.

kanna · 회사원

옷장이 너무 빽빽해지지 않도록 옷을
바꿔 가면서 걸어 놓는 일은 필수. 계절
이 지난 의류는 수납 상자에 넣어 두기.

mnmii___ · 디자인 관계

옷장만 있으면 불편하므로 안이 보이는
투명한 수납장을 서랍 대신 사용.

ys_casa · 회사원

5

Prepare a space
of daily life

생활과 밀접한 공간을 정돈한다

소파나 테이블 주위, 라커나 화장 공간,

침대 주위 등 생활과 밀접한 공간은

좀 더 아늑하고 편리하게 정돈하고 싶지요.

오랜 시간을 보내고 자주 사용하는 장소일수록

평소에 깨끗하게 정리해 두면 쾌적하게 생활할 수 있습니다.

아늑함과 사용의 편리성을
가장 먼저 따져 본다

×
×
×

소파나 테이블, 침대 주위는 매일 사용하는 장소이므로 깔끔하게 정리해 두고 싶죠.
또한 많이 사용하는 화장품이나 액세서리, 정장은 꺼내기 쉬운 곳에 두고 싶습니다.
이처럼 생활과 밀접한 공간이 어수선하거나 어질러져 있으면 마음 편하게 사용할
수 없을 뿐만 아니라 기분까지 안 좋아지곤 합니다. 일상생활을 편리하고 쾌적하며
아늑하게 지내기 위해서라도 생활과 밀접한 공간은 언제나 잘 정돈해 둡니다.

생활과 밀접한 공간을 정돈한다

Point 1

소파와 테이블 주위는 아늑함을
가장 먼저 고려한다

하루 중 가장 많은 시간을 보내는 소파와 테이블 주위는 무조건 아늑함을 가장 먼저 고려합니다.

Point 2

침대 주위를 최고의 공간으로 만든다

하루의 피로를 푸는 침대 주위는 릴렉스할 수 있는 공간으로 만드는 것이 중요합니다.

Point 3

화장품이나 액세서리, 정장은 보이게
수납한다

자주 사용하는 물건은 항상 바깥에 내놓고 싶습니다. 그렇다면 잘 꾸며서 보여주는 수납을 해 보는 것도 좋습니다.

공간이 아늑하면 생활도 더욱 충실해진다

방에서 식사를 하거나 차를 마시는 시간, 몸을 추스르고 정돈하는 시간, 잠을 자는 시간 그리고 최근에는 재택근무나 온라인 수업으로 일이나 공부를 하는 시간. 매일 당연하다는 듯 보내는 이런 시간이 사실은 집에 있는 시간의 대부분을 차지합니다. 따라서 생활과 밀접한 공간은 언제나 정돈해 두는 것이 중요하지요. 소파나 테이블 주위에서는 식사를 하거나 휴식을 취하는 일이 많을 것입니다. 그러므로 아늑함을 가장 먼저 고려해 작은 방이라면 커다란 가구 대신 작은 테이블과 쿠션만으로도 아늑한 공간을 만들 수 있습니다.

요즘은 소파나 테이블에서 재택근무를 하거나 온라인 수업을 듣는 사람이 많다 보니 같은 장소에서 식사와 업무를 병행하기도 합니다. 이럴 때에 대비해서 물건을 언제나 미니멀하고 깔끔하게 정리해 두면 스트레스 없이 사용할 수 있습니다.

침대 주변은 릴렉스할 수 있으면서 동시에 마음이 설레는 장소로 만들도록 합니다. 하루의 시작과 마무리를 위한 장소이므로 그냥 잠만 자는 곳이라고 생각하지 말고 쾌적하게 지낼 수 있는 물건, 좋아하는 물건을 잘 골라서 인테리어를 해 보세요. 최고의 장소로 만들면 하루하루가 훨씬 즐거워집니다.

@shii___13t · 학생

좋아하는 아이템에 둘러싸여 기분도 업

자주 사용하는 화장품이나 액세서리, 정장은 꺼내기 쉬운 곳에 두고 싶지만, 밖에 두면 어수선해 보이기 쉽습니다. 그렇다고 어딘가에 넣어 두면 매일 꺼내거나 찾기가 힘들지요. 이럴 땐 정말로 자주 사용하는 물건만을 골라서 보이게 수납하는 것을 즐기도록 권합니다. 고르는 과정에서 정말로 필요한지도 되새길 수 있으며 기분도 상쾌해집니다.

또한 좋아하는 아이템이 눈에 보이는 곳에 있는 것만으로 방에 있는 시간이 더욱 행복해질 테니까요.

소파와 테이블 주위는 아늑함을 가장 먼저 고려한다

...

소파나 테이블 주위는 식사를 하거나 휴식을 즐기는 소중한 장소입니다. 좋아하는 가구와 좋아하는 소품에 둘러싸인 아늑한 공간이면 더욱 좋겠지요. 자그마한 방이라면 소파와 테이블을 모두 갖추기 어렵겠지만, 마음에 드는 작은 테이블을 두고 바닥에 앉거나 침대 옆에 높은 테이블을 두고 침대를 의자 대용으로 사용하면 좁은 공간도 잘 활용할 수 있습니다. 아이디어만 있으면 힐링이 되는 공간을 만들 수 있지요.

심플한 소파를 패브릭으로 덮어서 취향에 맞게 바꾸었어요.

ⓞ _nevvxnevv · 회사원

큼지막한 소파도 낮은 것
이라면 압박감 없이 쾌적
하게 지낼 수 있습니다.

manhime_room · 주부

침대와 선반 사이에 작은 소파를
두어 휴식 공간으로.

shii___13t · 학생

내가 좋아하는 1인용 소파는 방의 포인트도 됩니다.

RINA · 학생

소파 옆에 카페 테이블을 놓아 한 손에 음료를 들고 집에 있는 시간을 즐겨요.

yoko_nnm · 회사원

친구가 자고 갈 수 있는 소파 베드를 두니 사람을 초대하고
싶은 방이 됐어요.

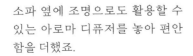

소파 옆에 조명으로도 활용할 수
있는 아로마 디퓨저를 놓아 편안
함을 더했죠.

⊙ mayicun · 주부

임스 테이블Eames table
은 재택근무할 때나,
홈 카페용으로 딱 좋
습니다.

ⓞ mne_room · 회사원

다락방이 있는 방이라면 공간을 홈 카페로
멋지게 활용할 수 있습니다.

megumi · 회사원

나무의 온기를 느낄 수 있는 살루트salut!의 테이블은 사이즈도 맞춤이네요.

kkkayanooo · 자영업

기능적 디자인의 이케아 테이블은 놓아 두기만 해도 인테리어가 됩니다.

RINA · 학생

침대 주위를 최고의 공간으로 만든다

...

침대는 하루를 마무리하는 장소인 동시에 하루를 시작하는 장소입니다. 따라서 침대 주위는
가장 편안하고 가슴 설레는 최고의 장소로 만들면 좋겠지요. 침대 옆은 좋아하는 조명이나 그
림을 두어 휴식을 취할 수 있도록 연출하는 것도 좋습니다. 리넨을 활용하는 것도 포근함을 더
하는 포인트. 흰색이나 베이지색 등 내추럴한 톤을 기본으로 하고 악센트로 색깔이나 무늬가
있는 물건을 몇 개 놓아 두는 것이 좋습니다.

침대 주변은 심플하게. 간접 조명만으로도 충
분히 힐링됩니다.

ⓘ kkkayanooo · 자영업

연분홍색 베개 커버를 포인트로 삼아 귀여움을
살짝 더해줍니다.

ⓘ ____m.rii · 주부

이케아의 사이드 테이블은 저상형 침대 깔판으로 만든 낮은 침대와도 잘 어울리죠.

ⓞ mo_co_o__ · 학생

쿠션을 많이 두면 포근함이 최고. 소재나 무늬로 개성을 살립니다.

ⓞ szkmek23 · 보육교사

딸기 무늬 리넨과 연보라색 커버로 소녀 감각을 더해 주었어요.

ⓞ ri_a_casa · 회사원

화장품이나 액세서리, 정장은 보이게 수납한다

...

수납하기 힘든 화장품이나 액세서리를 과감하게 보이게 수납해 보면 어떨까요? 멋진 수납 통에 담아 두면 그 자체만으로 돋보이는 인테리어가 됩니다. 선반에 자주 입는 옷을 깔끔하게 걸어 두면 입고 벗기도 편리하고 보이는 수납도 됩니다. 좋아하는 화장품이나 액세서리, 그리고 정장에 눈길이 닿으면 마음이 설레는 법이지요. 그런 것들은 일부러 보이는 곳에 두어서 방을 마음에 드는 공간으로 한 단계 업그레이드해 보세요.

조가비를 모티브로 한 접시에 평소에 자주 쓰는 액세서리를 모아 둡니다.

🅞 szkmek23 · 보육교사

책상 위에 앤티크 거울을 두어 화장대처럼 꾸몄어요.

🅞 ____m.rii · 주부

벽과 선반을 베이지 핑크색으로 칠해 DIY했더니 마음에 쏙 드는 선반이 되었어요.

⊙ aaasanooo · 프리랜서

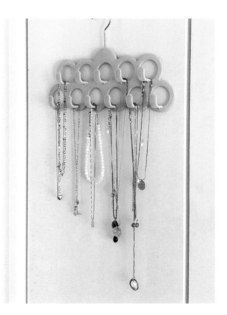

귀여운 디자인의 목걸이 행어는 걸어
두기만 해도 세련돼 보입니다.

⊙ 1239gram · 회사원

벽지 색깔에 맞춰 핑크골드로
통일한 행어.

ⓘ aaasanooo · 프리랜서

가구나 잡화는 정장과 색깔을 맞추고, 계절이 바뀔 때마다 걸어 두는 옷을 바꿔 줍니다.

ⓘ shii____13t · 학생

심플함을 최우선으로 삼는 것도
방을 멋스럽게 만드는 비결.

🄞 141412__ · 회사원

행어의 옷걸이는 모두 똑
같은 것으로 통일하는 것
이 좋습니다.

🄞 ___ay·enimg · 회사원

좋아하는 옷이나 자
주 입는 옷들은 이케
아 행어에 걸어 두고
눈으로 즐겨요.

🄞 ___ymst · 경영자

방 꾸미기의 달인으로 보이게 하는 조명 & 캔들

조명은 메인 조명뿐만 아니라 간접 조명도 신경 써서 고릅니다.
책상 위에 캔들까지 올려서 방 꾸미기 달인이 되어 볼까요.

간접 조명을 사용해 편안
함과 온기를 더했어요.

kaori · 회사원

3평짜리 다락방을 꼬마 전구
로 장식해 별이 빛나는 밤 같
은 공간으로 만들었습니다.

megumi · 회사원

침대 주위를 꼬마 전구를 사
용해 환상적으로 꾸몄다. 패
브릭과도 멋진 조화를 이룹
니다.

ⓞ szkmek23 · 보육교사

이케아의 조명. 빈티지풍 디
자인과 빛으로 포근하고 은
은한 느낌을 줍니다.

ⓞ airi_knd · 회사원

이케아의 베드 사이드 테이블은 조명이나 캔들, 방향제로 꾸밉니다.

⟲ __maxx115413 · 회사원

한숨 돌리는 티타임때 캔들에 불을 붙여서 느긋하게 휴식을 취하죠.

⟲ mayicun · 주부

특이한 디자인의 간접 조명을 내가 좋아하는 인테리어 소품과 함께 디스플레이했어요.

⟲ _nevvxnevv_ · 회사원

이케아의 베드 사이드 테이블은 자질구레한 잡화를 놓아 두는 곳. 캔들로 세련되게 꾸몄습니다.

⟲ mo_co_o__ · 학생

앙리 마티스의 그림과 캔들을 함께 두었다. 한
가운데 있는 조개 모양 캔들은 수제품이에요.

ay.enimg · 회사원

방의 귀퉁이는 인테리어를 즐기는 공간으로.
캔들과 방향제는 잘 어울리는 조합입니다.

1239gram · 회사원

액세서리, 거울, 꽃 등과 함께 캔들을 장식해
여성스러움을 강조한 인테리어를 완성.

nanana_ig · 회사원

현관의 신발 상자 위는 소품을 두는 곳으로
활용. 다양한 종류의 캔들을 적절하게 조합
했어요.

nevvxnevv · 회사원

좋아하는 것들을 놓아 두는 선반. 소품
과 캔들을 함께 두어 분위기 있게 연출
했습니다.

⊙ mayicun · 주부

캔들을 좋아해 시간이 나면 캔들에 불을 붙이고 긴장을 풀어 줘요.

⊙ ayao_kj22 · 회사원

6

Filling my heart
in the room

만족감을 주는 집에서의 시간

내가 좋아하는 방에서 시간을 보낸다면 그것만으로도 충분한 사치일 수 있습니다.

하지만 여러분의 많은 아이디어 덕분에

더욱 멋진 시간을 보낼 수 있게 되었습니다.

홈 카페를 즐기거나 프로젝터로 좋아하는 영화를 보기도 하지요.

재택근무하는 시간이 늘어난 요즘은 방만 제대로 정돈해도

쾌적하고 아늑한 워킹 타임을 만들 수 있습니다.

하루하루 바쁘기 때문에 집에서
보내는 시간이 더욱 소중하다

×
×
×

직장이나 학교에서 돌아온 다음, 휴일, 그리고 짧은 아침 시간. 바쁜 일상을 쏟아가기에, 더욱 소중하게 보내고 싶은 집에서의 시간. make my room을 팔로잉해 주시는 많은 분들이 홈 카페를 즐기고 있는 것 같습니다. 밤에 느긋한 마음으로 프로젝터로 좋아하는 영화나 드라마 등을 보는 시간이 너무 좋다는 분들도 많습니다. 재택근무나 온라인 수업 등 집에서 작업하는 경우도 늘었으므로, 기분 전환을 할 수 있는 충실한 시간을 보내기 위한 아이디어가 더욱 소중하지요.

집에서 보내는 시간의 포인트

Point 1

홈 카페로 나만의 멋진 릴렉스 타임을 갖는다

좋아하는 음료와 과자를 준비해서 즐기는 홈 카페. 즐기는 김에 예쁘게 세팅도 해 보세요.

Point 2

프로젝터로 좋아하는 작품을 마음껏 즐긴다

큰 화면으로 즐길 수 있는 프로젝터는 영화나 드라마, 애니메이션을 좋아하는 사람에게는 필수 아이템입니다.

Point 3

책상 주위를 쾌적하게 정돈한다

요즘은 재택근무나 온라인 수업 등 집에서 작업이나 공부를 하는 경우가 많으므로 더욱 철저하게 정리 정돈합니다.

ⓘ nanana.ig · 화사면

간단하고 가볍게 즐기는 홈 카페가 인기

라이프스타일이나 습관에 따라 집에서 시간을 보내는 방법은 모두 다릅니다. 짧은 아침 시간을 효율적으로 활용하는 사람도 있고, 휴일에 몰아서 자신만의 시간을 갖는 사람, 밤에 잠자는 시간을 릴렉스 타임으로 삼는 사람 등 각양각색일 것입니다. 직장이나 학교에서 바쁜 하루하루를 보내고 있기에 약간의 시간이라도 자신을 위한 릴렉스 타임을 갖는 것은 매우 중요합니다. 에너지를 충전해야 일상을 더 충실하게 살아갈 수 있을 테니까요.

집에서 시간을 보내는 방법은 많지만 그중에서도 많은 사람이 실천하고 있는 것이 홈 카페입니다. 직접 만든 좋아하는 메뉴를 예쁜 그릇에 담아서 즐기는 거죠. 그런 시간은 정말 멋지겠지요. 아침에 조금 일찍 일어나서 아침식사를 만들어 보거나 밤에 잠자리에 들기 전에 과자나 따뜻한 음료 한 잔으로 가벼운 휴식 시간을 즐겨 보아도 좋아요. 휴일에는 친구를 초대해 함께 홈 카페를 즐기는 사람들도 늘고 있습니다.

'난 요리를 못해. 다른 사람이 인스타에 올리는 밥이나 과자 같은 걸 내가 어떻게 만들겠어…….' 이런 걱정은 이제 버리세요! 마트에서 사온 과자를 예쁜 접시에 담고 테이블 코디만 약간 신경 써도 충분히 멋진 홈 카페 공간이 완성되니까요.

재택근무를 위해 쾌적한 작업 환경 만들기도 게을리하지 않는다

밤에 느긋하게 쉬고 싶다면 프로젝터를 구입할 것을 추천합니다. 침대나 소파에서 좋아하는 영화나 드라마, 애니메이션 등을 즐기는 것이 정석이지요. 요즘은 아마존 프라임이나 넷플릭스 등 동영상 서비스를 이용하는 사람도 많아졌습니다.

또한 재택근무나 온라인 수업이 늘어 집에서도 컴퓨터 앞에 앉아 보내는 시간이 늘었다는 사람도 있습니다. make my room을 팔로잉하는 많은 분들은 그런 시간을 충실하게 보기 위해 효율적이고 쾌적하게 작업할 수 있는 환경을 정돈해 나다움을 표현할 수 있는 공간 만들기를 즐기고 있습니다.

ⓞ pin_room_ · 회사원

홈 카페로 나만의 멋진 릴렉스 타임을 갖는다

...

멋진 카페로 나들이하는 것도 좋지만, 때론 방에서 나 홀로 알차게 카페 타임을 만끽해 보세요. 시간이 충분한 휴일에는 평소에 엄두가 나지 않던 시간이 걸리는 과자를 구워보고, 원격 근무하다가 잠깐 주어지는 휴게 시간처럼 시간이 별로 없을 때는 간단히 만들 수 있는 음료나 시중에서 파는 과자로 가볍게 즐깁니다. 라이프스타일에 맞춰서 자유롭게 즐길 수 있는 것도 홈 카페의 장점입니다. 무엇을 먹을지 생각하거나 테이블 꾸미기를 해 보는 시간도 즐겁습니다.

친구를 불러서 카페 타임을 즐기는 시간을 가장 좋아합니다.

ⓘ ___hruk_ · 주부

Recipe ─────────────────────────────────

1. 무화과 타르트
페이스트리를 자른 다음, 시중에서 파는 휘핑크림을 바르고 무화과 조각을 얹어서 완성.

2. 복숭아에이드
탄산수에 검 시럽(gum syrup, 찬 음료에 단맛을 내기 위해 사용하는 액상의 배합 재료. 아라비아고무가 들어 있어 농도가 짙고 감칠맛이 있다. - 옮긴이)을 적당량 붓고 복숭아 조각을 넣으면 완성.

책을 읽을 때는 내가 좋아하는 복숭아 스위트
와 캔들도 함께 합니다.

🔘 ____m.rii · 주부

임스Eames 테이블에서 즐기는 호박 타르트
맛은 각별합니다.

🔘 ay.enimg · 회사원

캔들에 불을 켜고 달콤한 과자를 먹는 이 시간
을 가장 좋아합니다.

🔘 ayao_kj22 · 회사원

신선한 채소를 사용한 원 플레이트 모닝은 다
양성에 신경 씁니다.

🔘 48emi_ · 주부

시간이 있을 때는 과일 샌드위치를 만들어서
홈 카페를 즐깁니다.

🔘 mocici24 · 헤어 메이크업 디자이너

컵에 담아 차갑게 하면 완성. 깔끔하게 먹기
좋은 딸기 요구르트 무스.

🔘 __maxx115413 · 회사원

시중에서 파는 와플에 아이스크림과 딸기를 얹고 메이플 시럽을 뿌려요.

ay.enimg · 회사원

토스트에 견과류를 얹고 과일을 곁들인 원 플레이트 모닝.

ayao_kj22 · 회사원

한국의 카페를 참고해서 과육이 든 주스 위에 솜사탕을 구름 모양으로 얹었어요.

nanana_ig · 회사원

폭신폭신한 핫케이크는 입에 넣기만 해도 힐링이 될 정도로 무척 좋아하는 메뉴.

RINA · 학생

아침에는 역시 과일과 핫케이크죠. 스누피와 친구들 모양으로 구워서 기분도 좋아집니다.

mocici24 · 헤어 메이크업 아티스트

SNS에서 대인기! 아보카도를 통째로 얹은 드라이 카레.

1239gram · 회사원

모양까지 귀여운 레몬 케이크. 테이블 꾸미기
를 하는 시간도 즐거워요.

🅞 _bakeandcafeloople · 주부

플레이팅이나 사진에 신경 쓰는 것도 홈 카페의 즐거움.

🅞 1239gram · 회사원

제철 과일과 허브 덕에 색채가 풍성한 토핑.

🅞 szkmek23 · 보육교사

Recipe

프렌치토스트

바게트 빵을 자른 다음 우유와 설탕을 섞은 달걀 물에
적셔서 프라이팬에 굽는다.
접시에 담고 과일을 곁들인 뒤 메이플 시럽을 뿌리면 완성.

아침 식사나 간식으로 먹기 좋은 과일 샌드위
치는 간단하면서도 맛있는 최고의 메뉴.

🅞 48emi_ · 주부

프로젝터로 좋아하는 작품을 마음껏 즐긴다

…

TV를 두지 않고 프로젝터를 들여놓는 것도 하나의 아이디어입니다. 프로젝터가 인기를 끄는 이유는 큰 화면으로 좋아하는 영화나 드라마를 즐길 수 있는 데다, TV보다 생활감이 드러나지 않으므로 방을 세련되게 보이게 한다는 장점도 있기 때문이지요. 또한 캔들이나 간접 조명만으로 방을 어둡게 한 뒤 한 손에 좋아하는 음료수를 들고 보고 싶었던 영화나 드라마를 즐기는 것은 나를 릴렉스하는 소중한 시간입니다. 이 시간이 가장 좋다는 사람이 많으며, 프로젝터를 들여놓는 사람도 늘고 있습니다.

꼬마 전구로 가장자리를 장식하면 나만의 로맨틱한 홈시어터가 완성됩니다.

RINA · 학생

내가 좋아하는 공간에서 영화를 관람하면 좋아하는 작품이 훨씬 더 좋아지죠.

ⓘ ys_casa · 회사원

밤에 릴렉스하는 시간에는
드라마에 흠뻑 빠져 봅니다.

scsy171 · 회사원

한 손에 좋아하는 음료수를 들고 영화를 보는 최고의 릴렉스 타임.

mne_room · 회사원

Point 3

책상 주위를 쾌적하게 정돈한다

...

사회적 거리두기 기간을 거치면서 재택근무하는 날이 늘었다는 사람이 많습니다. 이동 시간이 사라져 편하기도 하지만 온 오프라인을 전환하는 것이 힘들어 고민하는 사람도 많은 것 같아요. 기왕에 집에서 일을 한다면, 맑은 정신으로 즐겁게 일할 수 있는 작업 공간을 만들고 싶어지지요. 작은 방에도 둘 수 있는 크기의 책상을 깔끔하고 멋지게 놓으면 훨씬 즐겁게 일할 수 있습니다. 다른 사람은 어떻게 작업 공간을 꾸몄는지 살펴볼까요?

테이블이 썰렁해 보이지 않도록 꽃병에 드라이 플라워를 꽂아 장식했어요.

🄾 nanana_ig · 회사원

컴퓨터로 작업할 때는 좋아하는 음료와 함께.

🄾 ___ymst · 경영자

눈이 편안한 녹색을 옆에 두면 릴렉스되어 일도 잘되죠.

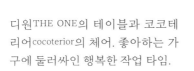
manhime_room · 주부

디원THE ONE의 테이블과 코코테
리어cocoterior의 체어. 좋아하는 가
구에 둘러싸인 행복한 작업 타임.

mika · 회사원

데스크 주위는 철저하게 심플하게. 방에 잘 맞춘 인테리어.

🅞 pin_room · 회사원

약간의 자투리 공간도 아이디어를 짜
내면 나만의 작은 사무실이 됩니다.

megumi · 회사원

필요한 물건을 최소한으로
두어 일이 순조롭게 진행
되도록 한 집중 공간.

airi_knd · 회사원

원룸에서도 분위기를
바꿔서 강약을 조절.
정돈된 공간에서 한
번 더 힘을 냅니다.

mne_room · 회사원

방에 관련해 물었습니다!

여러분의 방은 월세가 얼마인가요? 넓이는요? 여러분이 어떤 방에 살고, 어떤 점에 신경을 많이 쓰는지도 궁금하네요. 그래서 방의 상황에 대한 설문 조사를 실시해 여러분의 생활을 구체적으로 들여다 보았답니다. 총 637명이 설문 조사에 응해 주었습니다.

Q1. 나이는?

10대부터 40대 이상까지 폭넓은 연령층의 사람들이 설문 조사에 응해 주셨습니다. 그중 가장 많은 층은 10대~20대 전반인데요. 이 연령대의 응답자가 많은 이유는 자신의 방의 스타일링에 흥미를 갖기 시작하거나, 진학이나 취직을 계기로 독립 생활을 시작하는 타이밍이기 때문입니다.

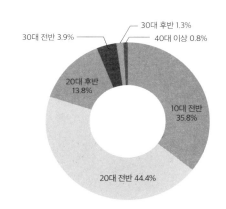

Q2. 직업은?

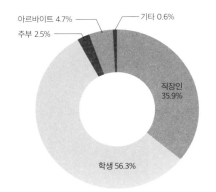

직장인과 학생이 90% 이상. 특히 학생은 56%로 절반이 넘었습니다. 동거, 결혼 등으로 룸메이트가 생기면 방을 자기 취향대로 꾸미기 힘들어지기도 해요. 이제 막 혼자 살기 시작한 학생이라면 자유를 누리고픈 마음도 크고, 방을 꾸미는 것에 관심도 많을 것 같습니다.

Q3. 혼자 사나요? 부모님과 함께 사나요? 거주 형태를 알려주세요!

부모님과 함께 사는 사람이 약 60%, 혼자 사는 사람이 약 30%라는 결과가 나왔습니다. 이번에 설문 조사에 응답해 준 사람들은 대부분 부모님 집 안의 자기 방 스타일링, 원룸 등 혼자 사는 방을 꾸미기 위해 인스타그램을 살펴보는 것 같네요.

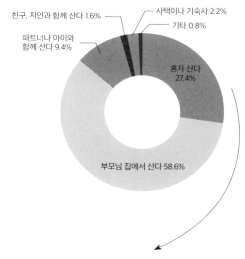

친구, 지인과 함께 산다 1.6%
사택이나 기숙사 2.2%
기타 0.8%
파트너나 아이와 함께 산다 9.4%
혼자 산다 27.4%
부모님 집에서 산다 58.6%

혼자 사는 사람에게 물었습니다!

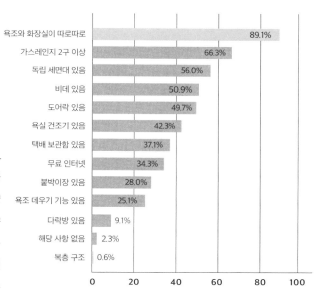

욕조와 화장실이 따로따로	89.1%
가스레인지 2구 이상	66.3%
독립 세면대 있음	56.0%
비데 있음	50.9%
도어락 있음	49.7%
욕실 건조기 있음	42.3%
택배 보관함 있음	37.1%
무료 인터넷	34.3%
붙박이장 있음	28.0%
욕조 데우기 기능 있음	25.1%
다락방 있음	9.1%
해당 사항 없음	2.3%
복층 구조	0.6%

Q4. 당신의 방은 어떤 형태인가요?

욕조와 화장실이 따로따로인지, 독립 세면대가 있는지 등 조건이 다양하지만, 집세 등을 고려해 타협해야 하는 것이 현실입니다. 설문 결과, 욕조와 화장실이 따로따로, 가스레인지가 2구 이상, 독립 세면대 있음 순으로 많았는데요. 방을 선택할 때 양보할 수 없는 조건과 비슷한 순서일지도 모르겠네요.

Q5. 방의 배치는?

60%의 사람이 메인인 침실 외에 독립된 주방이 있는 구조에 거주하는 것으로 나타났습니다. 이러한 구조는 수도권 등에서도 특히 인기가 있습니다. 주방과 침실이 분리된 만큼, 침실을 잘 꾸미기 위해 잡화 등을 두어도 어질러지지 않고 인테리어하기도 쉬운 것이 특징입니다.

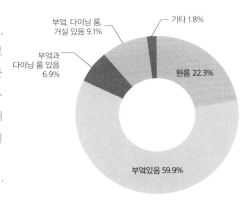

부엌, 다이닝 룸, 거실 있음 9.1%
기타 1.8%
부엌과 다이닝 룸 있음 6.9%
원룸 22.3%
부엌있음 59.9%

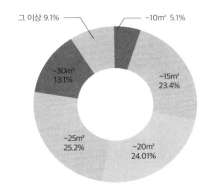

그 이상 9.1%
~10m² 5.1%
~30m³ 13.1%
~15m² 23.4%
~25m² 25.2%
~20m² 24.01%

Q6. 방 크기는?

약 75%의 사람이 넓이가 10~25m2인 방에 살고 있다고 하네요. 10m2라면 3평 정도, 25m2라면 8평 정도입니다.

Q7. 월세는 얼마인가요?

관리비를 포함한 금액으로 답을 받았습니다. 물론 지역에 따라 월세가 크게 달라지지만, 40~60만 원대가 가장 많았습니다. 116쪽의 배치 회답의 대부분이 1K였던 것을 생각하면, 1K 방을 40~60만 원대에 빌린 사람이 많은 것으로 예측할 수 있습니다.

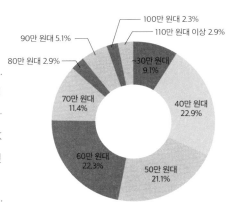

100만 원대 2.3%
110만 원대 이상 2.9%
90만 원대 5.1%
80만 원대 2.9%
~30만 원대 9.1%
70만 원대 11.4%
40만 원대 22.9%
60만 원대 22.3%
50만 원대 21.1%

Q8. 지금 살고 있는 방에 대한 불만이나 불안이 있나요?

가장 많은 불만은 수납공간이 부족하다는 점(36%)이었습니다. 작은 방의 경우, 거주 공간을 넓히려면 수납공간이 부족할 수밖에 없지요. 자투리 공간을 활용하거나 오히려 보이는 수납을 하는 등 아이디어를 내서 해결해 봐요!

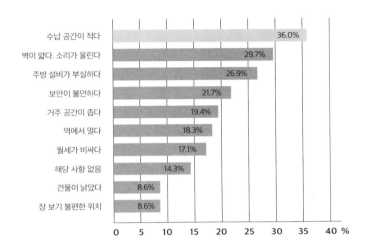

Q9. 방에서 가장 신경 쓰는 가구나 인테리어는?

침대, 이불은 가장 존재감이 강하기 때문에 방의 분위기를 좌우합니다. 그러므로 많은 사람이 신경을 쓸 것 같습니다. 117쪽의 불만에 있었던 '수납공간이 부족하다'와 연결해, 수납 가구에 신경 쓰는 사람이 두 번째로 많았습니다.

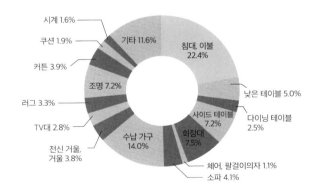

Q10. 가구나 인테리어에서 가장 신경 쓰는 곳은?

침대를 신경 쓰는 사람이 많으므로 역시 침대 주변에 신경 쓰는 사람이 30%가 넘었습니다. 이번 설문의 응답자들은 침대 주변에 드라이플라워를 두거나 벽면에 그림을 걸어, 멋진 데커레이션을 즐기고 있었습니다.

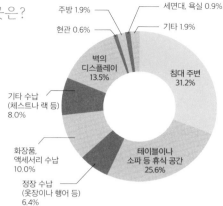

주방 1.9%
세면대, 욕실 0.9%
현관 0.6%
기타 1.9%
벽의 디스플레이 13.5%
침대 주변 31.2%
기타 수납 (체스트나 랙 등) 8.0%
화장품, 액세서리 수납 10.0%
테이블이나 소파 등 휴식 공간 25.6%
정장 수납 (옷장이나 행어 등) 6.4%

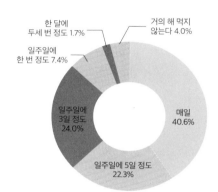

한 달에 두세 번 정도 1.7%
거의 해 먹지 않는다 4.0%
일주일에 한 번 정도 7.4%
일주일에 3일 정도 24.0%
매일 40.6%
일주일에 5일 정도 22.3%

Q11. 밥을 직접 해 먹는 날은 며칠쯤 되나요?

코로나 바이러스의 영향으로 외출이 줄고 재택근무나 온라인 수업이 늘어난 것과 관계가 있는지, 식사를 매일 직접 준비하는 사람이 40%가 넘었답니다! 일주일에 5일 정도인 사람과 합치면 60%가 넘는 결과가 나왔습니다. 따라서 홈 카페를 즐기는 사람도 당연히 늘어날 수밖에 없지요.

Q12. 휴일을 보내는 방법에 가장 가까운 것은?

마음에 쏙 드는 집에 살고 있으면 집에서 보내는 시간이 분명 즐거울 거예요. 휴일을 집에서 혼자 보내는 일이 많다는 사람이 절반 이상이었습니다. 다른 누군가와 함께 집에서 보낸다는 사람까지 합치면 약 80%나 되구요! 집이 마음에 들면 사회적 거리두기를 하면서도 집에 있는 시간을 소중하게 여길 수 있겠지요.

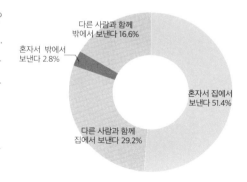

다른 사람과 함께 밖에서 보낸다 16.6%
혼자서 밖에서 보낸다 2.8%
혼자서 집에서 보낸다 51.4%
다른 사람과 함께 집에서 보낸다 29.2%

작은 방에 관한

Q&A

스타일링, 인테리어, 수납에 대해
인스타그램에서 모은 방에 관한 의문, 질문에 답합니다!

Q-1 멋진 방을 꾸미려면 어떤 색깔을 사용하는 것이 좋을까?

A-1 기본은 흰색이나 베이지색으로 통일하는 것을 추천해요!

방의 배색은 베이직한 흰색과 베이지색으로 통일하는 것이 좋습니다. 밝은 색으로 통일하면 방이 넓어 보일 뿐만 아니라, 청결감이나 내추럴한 아름다움도 더해집니다. 디자이너스 맨션처럼 그레이를 기본으로 한다면 흰색, 베이지, 그레이의 3가지 색으로 통일하면 가장 좋지요. 강조색을 넣고 싶다면 빨강이나 연한 핑크 계열, 블루 계열이 색을 맞추기 좋습니다. 강조색은 생생한 컬러보다는 약간 차분한 색을 선택하면 현대적이면서 세련된 느낌이 납니다.

Q-2 가구나 잡화는 어디서 구입하나요?

A-2 가구 종류는 이케아ᴵKEA, 니토리NITORI, 라쿠텐RAKUTEN 등이라는 의견이 많아요

큰 가구류는 합리적인 가격에 심플한 물건이 많은 이케아, 니토리, 라쿠텐 등에서 구입하는 사람이 많습니다. 흰색이나 베이지색, 밝은 색 무늬목 등 통일하기 쉬운 색이나 소재의 물건이 많으므로, 리넨이나 주변의 소품을 바꾸어도 잘 어울리기 때문이죠. 방의 포인트가 되는 잡화류는 리틀룸스Little Rooms을 비롯한 인터넷 온라인 숍을 이용하는 사람이 많았습니다.

Q-3 수납공간이 적은 방은 어떻게 꾸밀까요?

A-3 찾아보면 의외로 많은 자투리 공간, 잘 활용해요!

수납공간이 제대로 갖춰져 있지 않다면 방 안의 자투리 공간을 잘 활용해 봅니다. 예를 들어 침대 밑에 수납 상자를 넣거나, 틈새가 조금 있다면 봉으로 수납 선반을 만들어도 좋습니다. 또한 가구를 고를 때 처음부터 서랍 등이 달린 침대나 낮은 테이블을 고르는 것도 한 가지 방법이지요.

Q-4 방을 통일감 있는 공간으로 만들려면 어떻게 해야 할까요?

A-4 색의 황금비를 의식해 3가지로 줄여 보는 것이 포인트

통일감 있는 멋진 공간을 만들려면 먼저 사용하는 색을 줄이는 것이 중요합니다. 방 컬러의 '황금비'는 7 : 2.5 : 0.5라고 합니다. 방의 기본 컬러를 70%, 커튼이나 소파 등 커다란 가구에 사용하는 메인 컬러를 25%, 개성을 살리기 위한 포인트 컬러를 5%로 조절해 봅니다. 비율이 적은 포인트 컬러는 작은 소품 등으로 더해 주는 것이 좋습니다.

Q-5 콘센트나 전기 코드를 잘 숨기려면?

A-5 벽을 따라서 배선한다

콘센트나 전기 코드는 여기저기 뻗어 있어서 생활감이 드러나기 쉽습니다. 전기 코드가 있는 것을 벽 쪽에 두고 코드가 벽을 따라가듯이 배선합니다. 코드 색깔이 검정색이면 눈에 잘 띄므로 새로 구매할 때는 흰색 코드를 선택하고 이미 가지고 있는 것들은 흰색 코드로 바꾸면 좋습니다. 콘센트 꽂는 곳은 가구나 관엽 식물 등 인테리어를 활용해 숨겨 주세요.

Q-6 싱크대나 세면대 정리는 어떻게 하면 좋을까요?

A-6 세련되게 드러낸다 or 철저하게 청소하기 쉽게 한다!

앞에서 소개했듯이 예쁜 패키지 세트를 선택하거나 병에 옮겨 담아서 보이는 수납으로 정리하는 방법이 있습니다. 그 외에는 아래 사진의 kanna 씨처럼 철저히 청소하기 쉽게 정돈하는 방법도 있습니다. kanna 씨의 경우, 욕실 용품들을 바닥에 두면 지면에 닿는 면이 더러워지거나 곰팡이가 생기기 쉬우므로 무조건 매달아 둔다고 합니다. 병 타입은 사진처럼 S자 후크에 병의 목 부분을 걸고, 튜브 타입의 물건은 집게가 달린 후크로 감싸서 매달아 두지요. 쉽게 더러워지지 않고 청소하기 쉬운 수납 노하우입니다.

kanna · 한사원

Q-7 사무용품이나 문구 등은 어떻게 수납하나요?

A-7 예쁜 문구를 사서 보여주는 방법도 있어요!

재택근무나 온라인 수업이 늘면서 집에 사무용품이나 문구류를 두는 일도 많아졌습니다. 자잘한 물건이 많으면 어질러져 있기 쉬우니, 최대한 물건 수를 줄이고 예쁜 문구를 골라서 보이게 두는, 보이는 수납을 택하는 방법도 있습니다. 또는 선반 등에 정리해서 수납해 보세요. 교과서나 참고서 등은 책등이 보이지 않게 반대로 책꽂이에 꽂으면 깔끔하게 정돈되어 보입니다. 인테리어에 방해가 되지도 않지요.

Q-8 방을 꾸밀 때 무엇을 참고했나요?

A-8 인스타그램이 대부분이에요! 해시태그를 활용했습니다.

요즘은 방을 꾸밀 때 인스타그램이나 유튜브를 참고하는 사람들이 많습니다. 인스타그램에서는 '한국 인테리어', '한국 잡화' 외에, '화이트 인테리어', '내 방을 소개합니다' 등의 해시태그로 검색하는 사람이 많은 것 같습니다. 또한 눈에 들어온 잡화가 있으면 핀포인트로 '드라이플라워' '캔들' 등의 명칭을 해시태그로 검색하고 유튜브에서는 룸 투어를 체크한다는 의견이 많았답니다!

Epilogue

참고하고 싶은 아이디어, 마음에 드는 방을 발견했나요?

여기서 소개한 여러 아이디어 중에서 마음에 드는 것을 골라
내 방에 시도해보세요. 별 볼일 없다고 생각했던 작은 방이
나만의 특별한 공간이 될 거예요.

'좋아하는 것들'로 가득한 공간은
우리의 일상을 보다 사랑스러운 날들로 바꿔주겠지요.
좋아하는 것들에 둘러싸인 작은 방에서 소소한 행복을 누려보세요.

맘에 쏙 드는 나만의 방 꾸미기

초판 1쇄 발행 2022년 2월 10일
개정판 1쇄 발행 2024년 10월 31일

지은이 make my room by Little Rooms
옮긴이 위정훈
펴낸이 이범상

펴낸곳 (주)비전비엔피 · 이덴슬리벨
기획편집 차재호 김승희 김혜경 한윤지 박성아 신은정
디자인 김혜림 이민선
마케팅 이성호 이병준 문세희
전자책 김성화 김희정 안상희 김낙기
관리 이다정

주소 우)04034 서울특별시 마포구 잔다리로7길 12 1F
전화 02)338-2411 | 팩스 02)338-2413
홈페이지 www.visionbp.co.kr
이메일 visioncorea@naver.com
원고투고 editor@visionbp.co.kr
인스타그램 www.instagram.com/visionbnp
포스트 post.naver.com/visioncorea

등록번호 제2009-000096호

ISBN 979-11-91937-49-7 13590

• 값은 뒤표지에 있습니다.
• 파본이나 잘못된 책은 구입처에서 교환해 드립니다.